Sissi 著

全国百佳图书出版单位

·北 京·

Preface
前言

我的甜蜜之旅

一个法学博士为什么突然变成了甜品设计师？说来简单，因为喜欢美的东西，也因为想要亲手创造美的虚荣心。

2011年，我买了人生中第一台烤箱，一切就从一坨失败的戚风草莓蛋糕开始。找食谱，买工具，托朋友不远万里从美国、英国带回当时在国内还十分稀缺的翻糖书籍。每天眼里看的是蛋糕，脑子里转的是蛋糕，有那么多的想法要实施，有那么多的创意要实现，人怎么停得下来？

我是一个自由散漫的人，永远凭借一腔热情来生活。大学在拉拉队跳了四年舞，研究生和博士则用来做蛋糕。而这么随心所欲、不务正业的结果却也还不赖。除了运气太好，大概只能归因于，当你真正热爱一件东西，并且为此付出了巨大的努力后，就更容易过上自己喜欢的生活。

现在，我仍然能回想起第一次送蛋糕去朋友的婚礼现场，运输过程中因为急刹车，上面两层蛋糕飞扑出去后不知所措痛哭的我；一个人完成八层婚礼蛋糕与六百份回礼，三天三夜没睡觉全靠红牛支撑的我；脚上被浇了一整壶开水，在水池边坐了一夜后天亮奔赴外地送蛋糕的我……这并不是什么“功成名就”后的“忆苦思甜”，而是因为我经常会被问到做这行的前景如何，会不会有很好的发展。我不知道，真的。决定成功的因素很多，努力程度、天赋才能、机会运气。唯一能分享给读者的经验就是：做喜欢的事情会比较容易坚持，从而提高成功的概率。当然还有最棒的一点，你会因此觉得成功与否并不那么重要了。

七年来，国内从翻糖与甜品台这个概念都一片空白的状态，发展到如今婚礼甜品台与甜品台培训百花争妍的盛况，我有幸参与其中。作为其中的一位创造者，总结了一些关于甜品台设计的思路与理论，希望这些经验与摸索能让读者们在这条甜蜜又辛苦的旅途上少些弯路，创造出更多“BlingBling”的美梦来。

毕竟做喜欢的事情，会发光啊！

Contents 目录

第一章　为什么要做甜品台　1

1. 成就感与挑战性　2
2. 经济回报与市场前景　5

第二章　如何做出一个成功的甜品台　9

1. 整体的设计　10
   色彩搭配　10
   空间层次　14
   中轴对称　14
   错落有致　15
2. 细节的精致　16
   糖花　16
   人偶　20
   糖霜饼干　21
   容器　23
   CASE1 森系主题甜品台与容器搭配解析　24
   CASE2 中国风甜品台与容器搭配解析　26
   CASE3 小清新浪漫派甜品台与容器搭配解析　28
   CASE4 华丽欧式甜品台与容器搭配解析　31
   CASE5 宝宝宴甜品台与容器搭配解析　34

第三章 30个甜品台案例分析 39

A 以视觉效果为发散

01. 新式中国风主题 41
02. 传统中国风主题 45
03. 浪漫中国风主题 49
04. 华丽火烈鸟主题 53
05. 夏日火烈鸟主题 57
06. 欧式华丽主题 61
07. 星空主题 65
08. 冰雪奇缘主题 69
09. 撞色主题 73
10. 立体几何主题 77

B 以客户背景为线索

01. 军旅主题 81
02. 公寓情缘主题 85
03. 水晶主题 89
04. 马场主题 93
05. 童话主题 97
06. 梦幻公主主题 101
07. 珍珠婚主题 105
08. 嘉年华宝宝宴主题 109
09. 城堡主题 113
10. 教堂主题 117

C 以特殊元素为主题

01. 美女与野兽主题 121
02. 美少女战士主题 125
03. 梵高主题 129
04. 维多利亚的秘密主题 133
05. 爱丽丝梦游仙境主题 137
06. 海洋风主题 141
07. 圣诞主题 145
08. 孔雀主题 149
09. 天空之城主题 153
10. 音乐主题 157

后记 160

设计团队介绍 161

第一章 为什么要做甜品台

1 成就感与挑战性

什么工作最没有成就感？不需要创造与改变的，日复一日重复的工作。而甜品台则是一个让拥有不安分脑细胞的人为之疯狂的把戏。

是的，比起工作，我更想称它为把戏，或者游戏——拿到一个主题后开始抽丝剥茧——背景？风格？故事性？展示性？所有元素徐徐展开。作为设计师，你需要做的是挑选与构建出最适宜的表达方式，你是这场电影的导演，饼干、棒棒糖、蛋糕与甜点是你的演员，最终定格成一帧完美的画面，为他人的婚礼、纪念日或者是生日献上甜蜜而特别的礼赞。

从2011年到2017年，我们几乎没有做过相同的甜品台。拒绝重复自己，永远对挑战跃跃欲试，天马行空才是乐趣所在。有抓耳挠腮和才思枯竭的时候吗？当然也是有的，但正是在这样一次次的自我突破中才获得了非同寻常的成就感。我想这就是这份工作除了实际报酬所带来的最大的好处吧，你开心地做着你为之疯狂的热爱之事，而它也带给你无与伦比的满足与乐趣。

2 经济回报与市场前景

在2011年的武汉，甜品台的需求量是：0。

没错，那个时候，人们根本不知道甜品台是什么，更何况是使用它呢？至今还记得我的一位朋友在2012年5月4日举行婚礼，那也是我的第一场甜品台设计，摆台完成后，几乎每一位宾客都会走过来询问，这是什么？居然能吃？然而走到今天，从一线城市直至三线城市，甜品台几乎成为了婚礼标配，成为了必不可少的婚礼亮点和婚礼策划师的制胜法宝，也成了新人们回忆里闪光的纪念。

这一切都是靠着在这个行业里的所有人一起努力一起推动市场的结果，我们从某种程度上引导了市场，也创造了需求。

由于甜品台所具有的特殊意义与极佳的纪念展示效果，它已经成为绝大多数婚礼中必不可少的一员，正如提到婚礼就会想到的“四大金刚”（化妆、摄影、摄像、主持人）一样，甜品台则渐渐变成如今的第五“金刚”。

但是，随着市场的扩大化，竞争也越来越激烈。怎样在同质化的竞争中脱颖而出，除了精湛的技术，设计思路尤为重要。创造力是一台甜品台的灵魂，是保持竞争力最重要的因素。

入行六年来，我们制作了近千场几乎无重复的甜品台，从2014年开始更是开展了甜品台课程的教学。除了全面的技术覆盖，也包括了独有的设计思路理论课程。因为我们坚定地认为，美这件事情是有规律可循的，没有美术基础与设计基础的学员也可以通过对美的规律的学习、对甜品台设计与摆台技巧的学习完成足够美观的作品。

事实也证明这是可以做到的——零基础、之前从事无关行业的学员，在20天左右的学习后，除了掌握制作技术外，更有了信心从头到尾设计一场甜品台。

于是现在我们把这套行之有效的理论编辑整理成书，使没有办法来到我们课程的读者也能受益于我们的经验与积累，使甜品台这个大舞台更加绚烂，让更多优秀的身影活跃其中。

第二章

如何做出一个成功的甜品台

整体的设计

很多学员在咨询课程时都会问一个问题：老师，我没有学过美术和设计，可以做出好看的甜品台吗？

答案是可以。任何有规律可循的事情都可以被学习，而美的规则也必然存在于甜品台中。简单地把美感归功于天赋是软弱地逃避，我们要相信知识是可以通过努力而习得的。

那么什么样的甜品台会让我们觉得好看，可以在一秒钟内在视觉上产生美的冲击呢？

事实上，这个答案可能会跟大家设想的不太一样，一个成功甜品台的首要要素，并不是设计出一个巧夺天工的蛋糕，比起局部和细节，整体更为重要。

而这个更为重要的整体又可以被进一步划分为两个部分，一个是色彩的搭配；另一个是空间的层次感。掌握了这两点，即便没有大师一般的天才灵感，仍然可以制作出让人觉得美的、高水准的甜品台作品。

色彩搭配

一个让人觉得美的东西，首先需要让人觉得舒适，而色彩则是首当其冲让人觉得舒适与否的第一要素。

那么对甜品台来说，什么样的色彩是舒服的呢？

有两个方向可以发挥，和谐色或冲撞色。和谐很好理解，比如粉红和灰搭配，比如薄荷绿与少女粉搭配，再比如大地色系。一般来说，和谐的色彩搭配都会让人觉得柔顺舒适，美得小家碧玉。

而冲撞色则会给人以非常强烈的第一印象，比如宝蓝配明黄，大红配大绿，玫红配黑色，红色配金色，这些搭配会有直指视网膜的冲击感，美得大起大落。

色彩的搭配在某种程度上也代表着新人的性格，一般来说选择冲撞色的客人对新颖与别出心裁的设计接受度更高，我们在做方案时可以更加大胆，使用更加泼辣的风格；而选择和谐色的客人通常比较保守，设计以传统大气或清新柔美为主即可。

温柔的粉红与粉蓝

大地色系

粉紫色系

红金撞色

黄黑撞色

红绿撞色

空间层次

在解决了色彩问题之后，第二个决定因素就是层次了。色彩只能界定平面的美，一个成功的甜品台远远不止一个美丽的平面，它需要精巧的层次设计让美鲜活起来，换句话说，它需要立体与三维的美。

层次设计我们再把它细分为两点：

中轴对称

中轴对称意味着中心点的确定，一般来说需要安排在桌子的正中间，并处于最高点，可以是主蛋糕，也可以是蛋糕塔或者是一个装饰物（花艺、雕塑等），再以此为中心向两边发散。

那么，有不是中轴对称仍然好看的摆台吗？当然，但在刚开始做甜品台并且不能熟练掌握的情况下，中轴对称是最不容易出错的方法，等到对基本摆法的运用得心应手后，再去挑战新的难度和乐趣也不迟。

错落有致

一个一马平川的甜品台是乏味无趣的，自然也是不够美的。因此，擅用各种蛋糕器具营造出错落有致的视觉效果，对甜品台的陈列有着至关重要的作用，不仅可以提高复杂度，更可以增加视觉的丰满性。具体操作上，不仅需要在纵向由后至前按顺序从高到低布置，在横向上也要有起有伏，通过托盘的高低不同营造出层次感。除了各式各样的蛋糕托盘，还有其他方法可以运用，如15页图片所示。

能够做到以上两点（中轴对称或错落有致）就可以基本判断，这个甜品台的层次安排是没有问题的。

❶ 当一个甜品台拥有数量比较多的主蛋糕时，不同蛋糕体本身就是制造层次感的道具。
❷ 桌子的高矮与不同尺寸也能创造层次。
❸ 花艺的穿插摆放是营造层次感的利器。

细节的精致

重要的整体设计把握好了，做到了第一印象的吸引，那么接下来就是让人进一步的了解——如何让人心悦诚服地认为这是一个高水准甜品台呢？这里的关键点在于细节的精致度。不难理解，只有整体的美观设计加上细节的精益求精才能造就一个成功的甜品台。

如同之前所说的美的规律一样，细节精致度的提升可以分为四个关键点，这四点分别是糖花、人偶、糖霜饼干和容器。

糖花

糖花是甜品台上运用非常多的元素，种类繁多且造型生动，可以大大提升整个甜品台的质感。与此同时，糖花也非常考验制作者的能力，费时且费力，通常是甜品台制作中手工用时最多但也效果最好的部分。

Sissi Cake甜品台综合课程学员糖花作品

糖花在杯子蛋糕上的应用

糖花在饼干塔上的应用

Tips

糖花是是否能让人产生“精致”感受的关键因素。

糖花在饼干上的应用

糖花在蛋糕上的应用

Tips

如果你是新手“小白”，或者观望甜品台已久的外行，如何在最短时间内判断一场甜品台的用心程度和技术水平？

看糖花的种类与精致度往往是最快捷而准确的方式。

糖花在棒棒糖蛋糕上的应用

人偶

人偶出现在甜品台上时一般与主蛋糕设计在一起，能够大大提升翻糖蛋糕的酷炫程度。复杂的人偶造型极易引起关注，在我们的日常订单中，人偶常常作为重要场合的“重型武器”。

当越来越多的商家开始做甜品台，作品开始流水线化与同质化的情况下，人偶可以成为你的标志与脱颖而出的利器，虽然费时费力，但效果超一流。另外特别突出的一点在于，人偶还可以为婚礼的新人提供定制服务，在婚礼这样一个特殊的场合和日子里，有什么比一对象征新人的人偶更甜蜜与贴心的呢？

Sissi Cake甜品台综合课程学员高级人偶作品欣赏

糖霜饼干

糖霜饼干最棒的一点在于可以充分发挥创造力，它适用于各种有趣的主题，虽然跟翻糖饼干相比要复杂和费时更多，但也可以达到模具无法完成的效果。时间充足的情况下，在甜品台制作中加入一套主题元素的糖霜饼干是非常好的选择，也是将你的作品区别于流水线生产的重要方法。

小猫主题饼干

和风主题饼干

中国风贺年主题饼干

美女与野兽主题饼干

灰姑娘主题饼干

圣诞主题饼干

中国风主题饼干

阿拉丁主题饼干

冰激凌车主题饼干

以上饼干皆来自于Sissi Cake甜品台综合课程学员糖霜饼干作品，由Elaine老师设计。

容器

一个主题甜品台非常重要的一点在于其整体性，台上所出现的每一件东西都有其存在的合理性，因此，中国风与欧式风格所用的容器必然不同。即便是做出了精致的糖花、栩栩如生的人偶和巧夺天工的糖霜饼干，但如果配上错误风格的蛋糕托盘，整个作品还是会功亏一篑，非常遗憾。因此学会应用正确的容器，是做出完美甜品台的最后一步。

我们把平时所用到的容器整理划分为五大类，接下来将配合5个案例，以图文解析的形式具体说明。

CASE1　森系主题甜品台与容器搭配解析

森系，顾名思义要有木，容器越天然越好。原木、原始、原生态的感觉是这一主题需要的，比如木桩、木质托盘甚至是小竹篮这些不常用的小道具——你可能想象不到，“鸟窝”可是盛放马卡龙的好容器呢。

那么与之相反，现代化的、人工感强烈的、色彩过于艳丽的容器都要画上一个大大的叉。在森系主题中我们所要做的是营造出大自然的气息，牢记这个原则就不会出错了。

用叶子形状的小碟子盛放棒棒糖蛋糕，充满了森林的趣味。鸟笼当然是森系甜品台的好帮手，动物托盘也和主题相得益彰。

用鸟窝装马卡龙，别出心裁而又妙趣横生。用来装糖果与巧克力的是小竹篮。

如果情况紧急来不及购置，或者想要控制预算，白色的瓷质托盘也是森系主题的好朋友。

用树桩当托盘也可以打造森系感。

Tips

除了专门的烘焙店铺，大家也可以常常逛逛淘宝上的家居用品店，也许会有惊喜的收获。

CASE2　中国风甜品台与容器搭配解析

首先需要指出的是，我们在这里讨论的中国风范围限定为“传统中国风”。新式中国风与传统中国风的容器风格有着很大的不同。传统中国风具体指的是什么呢？最大的判断依据是色彩，如果主色调为红色，那么八成就是传统中国风了。

特别要注意的是，传统中国风容器使用的绝对铁律——忌白色。在一个传统中国风的甜品台里，如果出现白色的容器，绝对是一场噩梦，除了风格与主题彻底分道扬镳，在以红色、金色为主的色块构成里，白色将成为非常醒目的不和谐存在，将灾难性地破坏整体效果，并拉低整体质感。

那么除了不能出现白色，传统中国风的容器还有哪些规律呢？不妨来想想谈起中国风你会想到什么——红木家具、屏风、茶杯、折扇、卷轴、文房四宝还有挂着中国结的吊坠……没错，它们都可以成为你的得力助手。作为把控全场的导演，你完全可以把桌面变成一场中国风元素的集会，让容器和甜品们交相呼应，达到琴瑟和鸣的效果。

中国风甜品台犹如一场舞文弄墨的沙龙。

迷你博古架和食盒是中式甜品台的完美道具。

传统图案的茶具把杯子蛋糕衬托得更加喜庆，卷轴则为桌面增加了层次感。站在中式小桌子上的旗袍饼干也更加立体。

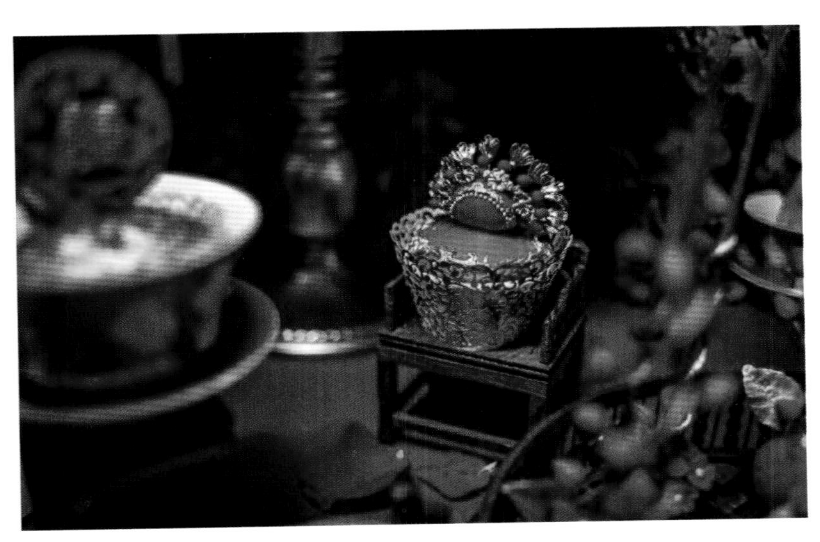

中式迷你小家具也能给甜品台增色不少。

CASE3 小清新浪漫派甜品台与容器搭配解析

小清新是我们最常用到的容器风格，无论是大受新娘们欢迎的粉色、紫色系婚礼，还是大部分的户外婚礼，一切不饱和的清爽色彩搭配都可以被归纳到这个类别里，而此刻就是各种陶瓷或者铁艺白色托盘发挥用武之地的时候啦。

白色托盘可以说是蛋糕托盘届种类最丰富、选择最多的一个类目：水晶、陶瓷、蕾丝，双层、三层、多层组合，高矮胖瘦、各种尺寸应有尽有，大家购买时尽量挑选质感较好的就可以。目前淘宝上常见的水晶吊坠款托盘在使用一段时间后比较容易显得老旧，最好定期更换。除此之外，玻璃制品也是搭配小清新浪漫风格的不二选择。

用白色瓷器与玻璃器皿打造通透晶莹的灰色小清新风。

温柔的粉红和粉蓝色系中，千万不要出现过于明亮饱和的器皿（选用同色系、白色或透明色为佳），也可以选择带有蕾丝花纹的托盘增加柔和感。

有什么比户外小清新婚礼更适合白色容器的场合呢?

粉紫色系的捕梦网主题甜品台，白色容器与背景中的羽毛共同打造出纯净而梦幻的氛围。

CASE4　华丽欧式甜品台与容器搭配解析

除了小清新外，另一个甜品台“爆款”风格就是欧式主题了。而它的王牌搭配色无疑就是金色。和白色系列一样，金色蛋糕托盘也有着不少的选择，除了常规款托盘以外，金色相框也是甜品台神器，在早期托盘资源匮乏的时候，各种尺寸的金色相框成为了物美价廉的好帮手。除了相框，各式造型特别的烛台，甚至是家居摆设（比如我们常用来盛放杯子蛋糕的天平）都能成为甜品台里让人眼前一亮的点睛之笔。

红金色欧式甜品台，金色的托盘与蛋糕组成了一个不可分割的整体，容器成为了甜品的延伸。

通常代表着小清新风格的粉紫色系在加入金色后变成了璀璨耀眼的华丽风。

紫色与金色是完美搭档，华丽中带着魅惑与神秘。沉稳的藏蓝色加入金色后兼顾华丽与威严。

金色托盘作为另一个常规款，记得要常备手中。除此之外，多多搜集特别款式也是让你的作品脱颖而出的好方法。

CASE5 宝宝宴甜品台与容器搭配解析

如果说甜品台是集挑战性与趣味性于一身的游戏，那么宝宝宴就是里面趣味性最高的板块。它们往往有着鲜明的主题，并且自带最高级别的游戏色彩：小男孩儿们的动物园主题，马戏团主题，超级英雄主题，托马斯火车主题；小女孩儿们的芭蕾舞主题，米妮主题，公主主题，糖果屋主题，光是听到就能让人开心起来。

容器方面相应也比较灵活，一般来说会配合主题色，在颜色上作文章，那些红色、黄色、蓝色、绿色的托盘们都可以拿出来派上用场啦。另外，类似于欧式风格中对相框的应用，儿童甜品台中也可以使用各种简易的木质彩色相框，并把相应主题的图案打印出来放在相框里，就变成一个符合主题风格的容器了。

除此之外，应该避免花纹过于繁复的欧式风格容器，它们与儿童甜品台的游乐属性是格格不入的。

这里再分享一下如何在没有合适容器的情况下，利用现有的东西低成本而高效地“变”出切合主题的托盘来。给大家一个小技巧：巧用丝带。假如你要制作一款动物园主题的甜品台，那么就可以买一卷斑马纹或者豹纹图案的丝带，把它们粘在本来风格并不相符的托盘边缘（比如最常用的欧式托盘，正好掩盖了原来不合适的花纹），此外也可以用包装纸包住泡沫来制作插放棒棒糖的底座。

森林主题宝宝宴

飞机火车主题宝宝宴

音乐主题宝宝宴

讲到宝宝宴，当然要讲到甜品台里非常重要的装饰环节：纸品。各种主题纸品绝对是花费最小力气却能得到最大效果的好帮手，一个纸杯蛋糕，简单地挤上奶油再插上相应的插牌就是一个无需复杂手工的完整甜品了。更不用说宝宝宴里常常会有的推推乐、爆米花盒、布丁杯这些小物件，配上相应的纸品装饰就好比插上了腾飞的翅膀，美味又美观。

马达加斯加主题宝宝宴

童话主题宝宝宴

一个成功的甜品台一定是在各个维度都做到优秀的甜品台，我们除了对甜品制作本身精益求精，在容器搭配上也要花功夫，才能使最终效果最优化。千万不要小看容器搭配的力量，贴合主题的容器风格会让你事半功倍，或者说，选择对的容器本身就是制作甜品台的一部分，是需要设计师把控的甜品的延伸，也是对设计师审美与能力的考验，千万不要掉以轻心从而因小失大。

第三章

30 个甜品台案例分析

❶ 主蛋糕一
❷ 主蛋糕二
❸ 巧克力
❹ 棒棒糖蛋糕
❺ 饼干
❻ 饼干塔
❼❽ 杯子蛋糕

01 新式中国风主题

设计关键词：中国风、水墨画、梅花
设计师：皮皮与西西

不同于大红大金的传统中国风，这组作品突出的是淡雅的水墨画元素，梅花亦是点睛之笔。我们将文房四宝、传统建筑以及自然的石头与荷花这些经典水墨画元素融入到杯子蛋糕中；棒棒糖蛋糕沿袭了经典的藤蔓攀爬款式，以梅花盘旋缠绕向上；两款主蛋糕则是不规则的异形蛋糕体，融入灯笼、屏风、连理枝与爱情鸟等元素，从概念和形式上进行了极大的创新；除此之外，饼干塔（连理枝与爱情鸟）、巧克力（水墨画与梅花扇子）与饼干（卷轴画与喜盈门）也表现了相关元素。

与此同时，在配色的比重（红金与水墨的比例）、细节的多元化（有趣而不繁复），整体概念的统一（关键词贯穿始终）这些方面都找到了最优化的平衡点。

新式
中国风
主题

❶ 主蛋糕一　❷ 主蛋糕二　❸ 棒棒糖蛋糕　❹ 饼干塔　❺ 饼干　❻ 主蛋糕三　❼❽ 杯子蛋糕

02 传统中国风主题

设计关键词：中国风、传统、喜庆、梅花
设计师：Kanna

一场将传统中国元素表现得淋漓尽致的甜品台作品，配色以大红大金为主线，突出喜庆感，三座主蛋糕结合花轿、刺绣、凤凰、剪纸以及传统的中式建筑等紧扣中国风这一主题。杯子蛋糕用细致的手法还原了新郎新娘的象征物：凤冠及新郎帽，小巧的绣花鞋则成了惹人喜爱的点睛之笔。

双喜字装饰重复出现在杯子蛋糕及饼干塔上，渲染大喜之日的氛围。饼干的设计同样以中国风味十足的折扇与旗袍元素来表达，分别配以梅花及传统中式花纹。

不同于新式中国风以白色与金色为底色的棒棒糖蛋糕，传统中国风棒棒糖采取了大红为主、金色为辅的色彩搭配，仍然是以盘旋而上的梅花为装饰呼应主题。

这台中国风甜品台的色彩抢眼，在第一时间抓住宾客的注意力，细看之下又充满细节，特别受到观念传统的长辈们的喜爱。

传统
中国风
主题

❶ 主蛋糕一　❹❽ 饼干　❼ 饼干塔
❷ 主蛋糕二　❺ 主蛋糕三　❾ 杯子蛋糕
❸ 棒棒糖蛋糕　❻ 主蛋糕四

03 浪漫中国风主题

设计关键词：古风、浪漫、淡雅、梅花、莲花
设计师：Elaine

这组作品无疑是我们做过最浪漫的一场中国风，色调温柔素雅，犹如踏进了一幅清新的水墨画。

主蛋糕一采用与建筑元素相结合的形式，花枝穿插于石头拱门间，攀爬在繁复而古老的窗栏外，倒数第二层的棕色线条框选出一幅幅淡雅的梅花图，与立体的梅花枝叶呼应；主蛋糕二用水墨晕染风格打底，四朵兰花与闻香而来的小鸟简单点缀，生动地表现了一幅画作；主蛋糕三以翻糖手绘的技法展现了一件风格秀雅的旗袍；主蛋糕四则用莲花配以糖霜所绘制的树枝，并用一对相互依偎的小鸟呼应婚礼的主题。

饼干穿洞后做成吊坠的形式挂在毛笔架上，用彩绘技巧配合翻不同的糖迷你装饰：梅花枝桠、白色花瓶、枇杷以及莲蓬，用平面与立体相结合的方式诠释了水墨画。

杯子蛋糕使用了扇子、盘扣、莲花等元素，饼干塔与棒棒糖蛋糕则使用梅花与莲花两种花卉，在增加浪漫感的同时更加精致而丰富。

谁说中国风不能浪漫又清新？把控好细节与风格，没有什么不可以。

此台作品为Sissi Cake甜品台综合课程学员毕业作品。

浪漫
中国风
主题

❶ 棒棒糖蛋糕
❷ 主蛋糕一
❸ 饼干
❹ 主蛋糕二
❺❾ 杯子蛋糕
❻ 主蛋糕三
❼ 饼干塔
❽ 巨型饼干

04 华丽火烈鸟主题

设计关键词：华丽、花朵、火烈鸟
设计师：Sissi

接下来我们用两个案例说明，即便使用相同的元素，也可以做出完全不同风格的甜品台，这个共同的元素是：火烈鸟。那么我们如何在一个限定如此明确的框架里开拓出符合主题的整体设计呢？答案是充分利用现场布置，不是用火烈鸟作唯一线索进行思维发散进而覆盖整个场景（常规设计思路），而是把火烈鸟作为元素，跳跃地穿插与点缀在给定的场景里。

具体来看，这场婚礼以粉色、香槟色、金色为主色调，场景布置也偏向于华丽的风格，如果我们只是凭着火烈鸟三个字就想当然地设计出色彩艳丽的夏威夷风格，那么即便突出了火烈鸟元素，对整个布置来说也是冲突的、失败的。所以我们暂且抛开火烈鸟，专心构思一场华丽而浪漫的、以花为元素的甜品台。

可以看到，三款主蛋糕如果拿掉火烈鸟，是完全可以被当成常规款婚礼蛋糕来使用的。合适的配色、繁茂的花朵营造出华丽的效果，在此基础上再在留白处加入火烈鸟，这样一来元素与场景就得以完美结合。

接下来的小甜品们，我们挑选其中的一款杯子蛋糕、一款饼干塔和一款巨型饼干加入了火烈鸟元素，而其他的款式及棒棒糖蛋糕上则仅仅以花朵为主体——不要过度使用火烈鸟元素，把握住主要与次要线索的比例，是做出符合整体风格甜品台的关键。

华丽
火烈鸟
主题
SZ

❶ 主蛋糕　❹ 饼干
❷ 饼干　❺ 杯子蛋糕
❸ 饼干塔　❻ 副蛋糕

05 夏日火烈鸟主题

设计关键词：热带雨林、夏威夷、火烈鸟
设计师：Sissi

火烈鸟元素的第二个案例则是热带雨林中的火烈鸟。不同于之前的华丽风格，这次需要构造出的是一个色彩斑斓的自然世界，这里有明亮欢快的花朵，郁郁葱葱的树木，香气四溢的水果，当然还有热情摇摆的火烈鸟。不同的是，这一次的火烈鸟是当之无愧的主角，其他的一切元素都是为了创造与火烈鸟适合的环境而存在的。

主蛋糕的设计以花环与树桩的结合为主，辅以茂盛的树叶，主蛋糕与副蛋糕上大小不一的四只火烈鸟喜庆而热烈。配色上选用了玫红、明黄、橙色、翠绿等跳跃而饱和的色彩，热带感十足。

其他小甜点们则使用大量的绿叶装饰，生机勃勃地将森林的原始感进行到底——整个甜品台化身为一首欢快的热带舞曲，营造出生动而有趣的幸福氛围。

夏日火烈鸟主题

❶ 饼干
❷ 主蛋糕一
❸ 饼干塔
❹ 主蛋糕二、三
❺ 马卡龙塔
❻ 杯子蛋糕
❼ 主蛋糕四、五
❽ 单层主蛋糕
❾ 棒棒糖蛋糕

06 欧式华丽主题

设计关键词：欧式、花园
设计师：Sissi

这一场甜品台是我们做过的最繁复的甜品台之一，以欧式花园为框架，融入小天使、雕塑、拱门、喷泉等元素，并配合大量的糖花提升精致度。白色为主、金色点缀辅以少量深绿的配色使得最终成品在复杂的同时也保持着克己的优雅。

欧式风格一般来说意味着繁复而精美的图案，在这一场甜品台中，除了大量的复古花纹，还把天使形象运用得淋漓尽致，使得庄重与肃穆的整体融入了活泼而动感的细节，美而有趣。

一场高质量的欧式风格甜品台，除了好的设计，还需要大量的时间来对细节进行精雕细琢，细致程度与精彩程度成绝对的正比。同样，当作品完成的那一刻，所获得的成就感也是无与伦比的，而宾客们赞叹的眼光和热烈的掌声，当然也是随之而来的。

欧式
华丽
主题

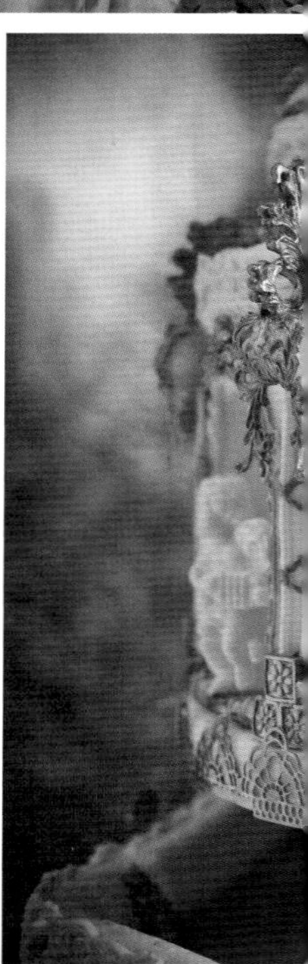

1 主蛋糕一
2 主蛋糕二
3 饼干
4 杯子蛋糕
5 主蛋糕三
6 棒棒糖蛋糕

07 星空主题

设计关键词：星空、陨石、花朵
设计师：Kanna

星空主题我们做过很多次，这一场则是把星空的概念表现得最淋漓尽致的一次。

主体蛋糕以晕染的深蓝与深紫色打底，突出宇宙的梦幻与深邃感，主蛋糕一辅以水晶陨石，由不同大小的星球所组成的行星带盘旋而上。主蛋糕二由钻石形态的糕体构成，表达“璀璨”之义，糖花盘旋而上围绕糕体，并辅以行星点缀。主蛋糕三则利用星座图突出星空感，顶部用结晶糖代表陨石。

小甜点方面，饼干由糖霜技法绘制出绚丽的星空图案；杯子蛋糕有两款，一款用蓝紫混色奶油搭配银色星星，一款用晕染色翻糖搭配亮色星球；棒棒糖蛋糕则用蓝色球体和银环代表着一颗颗星球。

色彩方面，由于深蓝和深紫构成了大面积的暗色调，因此加入少量诸如黄棕、深红的行星进行跳跃的点缀，让整体色彩形成了点到为止的碰撞。

总体来说，星空主题甜品台的色调有两点需要把握好，由深色调与晕染手法所创造的浩瀚深邃感，和由银色或少量亮色构成的闪亮璀璨感，二者相辅相成，缺一不可。

此台作品为Sissi Cake甜品台综合课程学员毕业作品。

星空
主题

❶ 主蛋糕　❹ 饼干
❷ 饼干塔　❺ 马卡龙塔
❸ 副蛋糕　❻❼ 杯子蛋糕

08 冰雪奇缘主题

设计关键词：雪花
设计师：Sissi

如果元素单一怎么办？那就把它发挥到极致。

单一元素的不同大小、不同花纹、不同形态、不同材质、不同颜色，都可以被当作不同的元素铺满整个设计。

除了主蛋糕、杯子蛋糕和饼干塔上大大小小以雪的形式存在的雪花外，我们也用不同状态的雪花使细节更加丰富而真实，比如马卡龙底座上积雪形态的雪花，构成象征性鹿角的雪花，杯子蛋糕上滚成的一团团的雪球，用白砂糖表现的散落的雪粒，主蛋糕上每一层由雪花构成的和雪花相关的各种象征性图案（菱格纹，糖霜刺绣等）。

看似只有雪花的单一主题，但在灵活变化后（色彩 / 材质 / 花纹 / 尺寸 / 状态）都可以成为铺天盖地的灵感触角。

冰雪奇缘
主题

❶ 棒棒糖蛋糕　❷ 主蛋糕一　❸ 主蛋糕三　❹ 主蛋糕二　❺ 杯子蛋糕　❻ 饼干　❼ 饼干塔

09 撞色主题

设计关键词：宝宝宴、森林、童话
设计师：Sissi

我对撞色甜品台尤其偏爱，它们带有一种天然的优势：以色彩的冲击力抢夺注意力。如果你的甜品台是色彩饱和的撞色系，那么就已经赢在了起跑线上。但也需要小心，这个优势只存在于细节精致的情况下，如果制作粗糙，只会在第一时间让人发现作品的问题。

那么撞色甜品台具体有哪些注意事项呢？首先，颜色要有主有次，以视觉刺激比较弱的色彩为主色，更加明艳饱和的色彩为辅色。其次，撞色系甜品台是不是就意味着不能有其他颜色出现了呢？不一定，但可以肯定的是，出现的颜色越多，对把控色彩的能力要求越高，最终呈现的作品效果也会越复杂精致。大家可以从两到三种颜色开始，在有了足够多的练习后，有意识地增加色彩数量（当然是根据相关主题，在符合逻辑的前提下增加，而不是毫无章法的胡乱增加）。

回到这场宝宝宴主题甜品台，深绿作为主色调成为蛋糕的底色，与之相对应的撞色大红色则以花朵蘑菇和小浆果的形式少量出现，与此同时，金色与原木色也穿插其中，增加华丽度和森林感。在这个案例里，如果仅仅只有红色与绿色的出现，是无法完整地表达出森林的概念的。

小甜点们在各种维度上呼应着主题：饼干塔上的苹果树，原木牌上的“100天”，长着金色翅膀的熟睡小朋友，棒棒糖与杯子蛋糕花丛中长出的鹿角等。

甜品台的构成其实是一个有逻辑的故事，符合逻辑的元素都可以出现，它们不仅是合理的存在，更是有着丰富故事性的表达。

100
100
100
USTIN

撞色
主题
100

AY PARTY
H DAY

❶ 主蛋糕
❷ 副蛋糕二
❸ 饼干
❹ 副蛋糕一
❺ 饼干塔
❻ 杯子蛋糕

10 立体几何主题

设计关键词：钻石、特定logo、花朵
设计师：Sissi

这场的设计难点在于需要将线条感强烈的logo与浪漫风格的花朵元素结合起来。沟通方案时，客户强调一定要突出钻石与钟面的几何图形，但整体又需要保持浪漫的氛围。

于是，主蛋糕除了用菱格纹装饰突出线条感外，第三层设置了一个前后穿透的镂空圆形，边缘以钟面图案装饰，镂空中心则是一个立体的钻石。

副蛋糕一与主蛋糕呼应，以同样的花瓣形加上菱格纹为装饰主体，顶部则把花丛与几何logo相结合。副蛋糕二采取更大胆的立体异形的形式，以两个圆盘为主体，大圆盘（平面logo）加小圆盘（立体logo）相结合的形式，辅以花朵装饰。杯子蛋糕与饼干塔则以相同的logo加花朵形式出现。

最终的作品效果与现场氛围完美契合，现代感强烈的线条元素与柔美风格的花朵元素达到了很好的平衡。

立体
几何
主题

❶ 棒棒糖蛋糕
❷ 饼干
❸ 杯子蛋糕
❹ 主蛋糕
❺ 副蛋糕一
❻ 副蛋糕二

01 军旅主题

设计关键词：军人、寿宴、黄金时代
设计师：Sissi

这是我父亲六十大寿的甜品台，由于他的职业原因，关键词最终定为“军旅生涯、黄金时代”八个字。主蛋糕结合了山川湖海、军旅勋章，代表他奋斗的一生，顶部的松树则完美诠释了父亲的性格。小甜点方面，除了点题的“寿”字，还有迷你版松树，坦克与军帽。

两个副蛋糕非常具象化：代表生日的长寿面与代表部队的坦克，生动有趣而符合主题。棒棒糖蛋糕则以腊梅为元素进行装饰。

由于父亲非常喜爱王小波，于是有了这些用食用糖纸做成的“语录饼干”。做旧效果配上经典的句子，有一股怀旧的诗意。

另外一个重头戏则是由Elaine老师设计的糖霜饼干回礼（如下图）。

整套饼干同样以“黄金时代、军旅生涯”为主旋律：军衔、军帽及五角星突出军人身份，“黄金时代”则以书法的形式写在水墨画上。整套设计简洁、干练而有力地表达了主题，也成为宾客们爱不释手的纪念品。

军旅
主题

个人只有今生今
够的，他还应当
的世界。

黄金时代

❶ 主蛋糕
❷ 副蛋糕一
❸ 副蛋糕二
❹❻ 饼干
❺ 杯子蛋糕

02 公寓情缘主题

设计关键词：合租公寓、巴黎
设计师：Sissi

这一组是现在看来款式相对简单的早期作品，但却是第一次把客户线索融入设计的案例——也就是甜品界的高级定制。在国内婚礼甜品发展初期，甜品供应商们通常只会根据色系来调整甜品款式，元素也往往以花朵为主，把客户的特殊性融入设计的比较少见。但也正是从这个作品开始，甜品台制作对我来说变得更加有趣，一扇新世界的大门打开了。

回到具体的主蛋糕设计，新人在法国因为合租公寓而相识相爱，因此在蛋糕体上模仿了公寓的构造，配以法式风格的座椅及吊灯。底座用铁塔以及樱花增加浪漫感，用剪影勾勒出的新人依偎在花海中。顶部是一束可以移动的手捧糖花，除了装饰蛋糕，也可以让新娘在与甜品台留影时有更多有趣的互动。

两个副蛋糕继续发扬浪漫的风格，花朵漫溢的礼物盒子、法国特色的马卡龙塔都充盈着满满的少女心。饼干方面，“LOVE”与粉色碎花图案相结合，粉色小花点缀在蕾丝婚纱裙饼干上。杯子蛋糕们则由浪漫的花朵、情书、铁塔以及“Special Day”的甜蜜话语装点着。

总的来说，这组甜品台既展现了新人独一无二的爱情故事，又在视觉效果上和现场的布置完美呼应。

根据客户线索所制作的甜品台作品一般来说也是客户满意度最高的设计——是的，谁不想在人生最甜蜜、隆重、重要的一天里，看到记忆里美好而珍贵的细节被用心地呈现出来呢?

公寓情缘
主题

❶ 主蛋糕　❹ 饼干
❷ 杯子蛋糕　❺ 水晶塔
❸ 副蛋糕一　❻ 副蛋糕二

03 水晶主题

设计关键词：星星、水晶
设计师：皮皮与西西

篮球明星的婚礼甜品台，居然跟篮球无关，因为我们要完成的是新娘的梦想。

新娘想要星星，想要水晶，想要璀璨闪耀而永恒的“Bling Bling”。于是我们在蛋糕上使用结晶糖技巧创造出大量的陨石效果，并以粉色水彩画风格的底色增加梦幻感。蛋糕体用水晶进行悬空连接，水晶条如瀑布般倒挂。饼干上的星空画、站立的水晶塔都出现在仙人掌簇拥下的粉色梦境里——“我的温柔并不多，约等于所有好看的花，所有亮着的星”。

水晶
主题

❶ 副蛋糕一
❷ 主蛋糕
❸ 棒棒糖蛋糕
❹ 饼干塔
❺❻ 杯子蛋糕
❼❽ 饼干
❾ 副蛋糕二

04 马场主题

设计关键词：马场、纯白色、羽毛、简约
设计师：Sissi

这算是我们做过的最特别的一场婚礼了：场地是货真价实的马场，颜色是大胆的纯白色。

整个设计以马及其延伸为主要元素，做了太多女性化气质为导向的甜品台，这还真是一个有趣的新挑战。主体思路以糖花与羽毛的浪漫轻柔中和了马的阳刚帅气，既照顾了客户的特殊背景，又符合婚礼的氛围。主蛋糕顶部是一对马的雕塑，糖花、羽毛以及一个巨型的马蹄铁为装饰主体，刚毅而浪漫。副蛋糕一同样以花朵为主线，穿插着白色的羽毛蔓延到顶部，收尾于一匹腾飞的马匹，整体风格更加轻盈。副蛋糕二使用大量的羽毛元素，制造飘逸的浪漫感，一匹飞马与副蛋糕一对应。小甜点们则延续同样的元素与风格。

简约大气而不失浪漫，这就是我最终想达到的效果。

❶ 副蛋糕一
❷ 主蛋糕
❸ 副蛋糕二
❹ 杯子蛋糕
❺❻ 饼干

05 童话主题

设计关键词：童话、兔子
设计师：Sissi

这个案例的设计线索是新郎和新娘的象征物：一对兔子。由于恋爱期间的各种细节都与小兔子相关，新人希望把兔子的元素融入到甜品台中，并且营造出丰富的童话色彩。

主蛋糕由草地、花环、胡萝卜和蝴蝶结为主要元素，表达出田园风格的诗意与浪漫；副蛋糕一由几本堆叠的书突出童话故事的主题，底部是捧着爱心的兔子先生与兔子小姐。副蛋糕二的顶部则是更加应景的、站在鲜花拱门下、婚礼仪式中的兔子夫妇。

如果说三个大蛋糕以浪漫为主，小甜品们则走了更加俏皮的路线，兔子形状的小饼干，倒插在萝卜堆里的毛茸茸的小兔子屁股，写着新人名字缩写的指路牌，还有迷你版的童话故事书。

没有什么比在婚礼这天把童话变成现实更让人开心的事情了，这也是“会变魔术”的甜品设计师最有成就感的时刻哦！

HAPPY
WEDDING

Once
upon a time,

LOVE
HAPPY
WEDDING

童话
主题
Once
upon a time,

❶ 副蛋糕一　❹ 主蛋糕　❼ 副蛋糕四

❷ 副蛋糕二　❺ 饼干　❽❾ 杯子蛋糕

❸ 副蛋糕三　❻ 棒棒糖蛋糕

06 梦幻公主主题

设计关键词：旋转木马、摩天轮、公主
设计师：Sissi

如果你案例的新娘是一位少女心十足，怀揣着粉色梦想，希望在婚礼这一天完成公主梦的女孩，那么作为贴心的甜品设计师，你需要做的就是让你的客户美梦成真。

说起来，新郎无论是在拍摄婚纱照还是在婚礼环节，主要起到的作用都偏向于一个可以移动的道具，主要是配合他的爱人完成一生一次的美梦——那个大部分姑娘在16岁甚至6岁就开始憧憬的白纱童话。因此一般来说，新娘开心了，也就意味着你的任务圆满达成了。

这场的关键词是旋转木马、摩天轮、公主，那么我们除了有关于旋转木马和摩天轮的主蛋糕，还要有皇冠、南瓜马车，有公主的褶皱裙摆，有星辰与月亮——有一切关于公主与美梦的构成要素，五个蛋糕分别代表着不同的美好象征。

小甜品以花朵与木马元素为主，其中一款杯子蛋糕加入了“Eat me”的粉色插牌，增加俏皮的少女感——让每个怀揣公主梦的新娘都能做一个淋漓尽致的公主梦，是每一个甜品师都要努力达成的目标。

梦幻公主主题

❶ 主蛋糕
❷ 饼干塔
❸❹ 饼干
❺ 副蛋糕
❻ 棒棒糖蛋糕
❼❽❾ 副蛋糕

07 珍珠婚主题

设计关键词：珠宝、珍珠婚、30周年纪念
设计师：Sissi

也是因为这一场孝顺儿女为父母筹办的三十周年婚礼纪念日才知道“珍珠婚”，真是优雅又美好的概念。

虽然以珠宝为关键词，但现场布置走的并不是金碧辉煌的路线。白色为主调，模仿宝石色的蓝绿与金色点缀，对甜品的设计要求也是以简约为主。

五层主蛋糕由每层的珍珠与珠宝坠线简单装饰，顶部的金色欧式花瓶与白色花朵营造庄重感，四座副蛋糕都由珠宝与珍珠元素装点，配以少量的糖花，在符合主题的前提下仍然保持克制的简约风格。饼干塔与棒棒糖蛋糕上的装饰花朵花蕊以珠宝的形式呈现，饼干是整齐排列的双色宝石和优雅的花朵珍珠的组合。配色方面，在大面积的白色映衬下，蓝绿宝石所带来的华丽感更加突出而耀眼。

做完珍珠婚的庆典，对金婚、银婚、钻石婚都更加期待了——期待更多经受岁月打磨的历久弥新的好故事。

30

30

珍珠婚
主题

❶ 主蛋糕
❷ 棒棒糖蛋糕
❸ 副蛋糕一
❹ 副蛋糕二
❺ 杯子蛋糕
❻ 饼干

08 嘉年华宝宝宴主题

设计关键词：游乐园、宝宝宴
设计师：Sissi

特别喜欢做宝宝宴的一个原因，是每次都能深深感受到家长在其中寄予的爱与希望——看到这些父母想要把整个世界都给孩子的心情，温柔而宠溺地建造起城堡与铠甲，把小朋友们包围住，特别像一场爱的嘉年华。

比如这位妈妈，想要在女儿一岁生日这一天，创造一个游乐园。

于是这个有关于爱的游乐园里，有旋转木马，有摩天轮，有气球，有风车，有糖果，有小动物，有樱桃蛋糕，有数不尽的礼物，有我们可以想象到的所有甜蜜生动且色彩斑斓的快乐，而主角小公主则戴着小皇冠穿着小裙子安静而幸福地睡着了。

每当这种时刻就特别明确而具体地认识到，我们这些甜品设计师们，确确实实在从事着创造爱的职业。

嘉年华
宝宝宴
主题
birthday
IRL
CHRSTIN

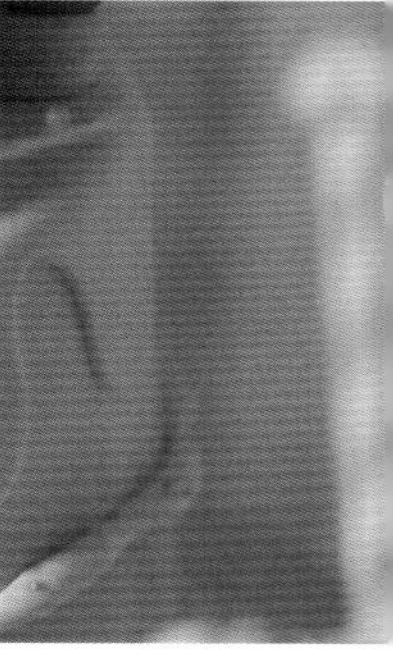

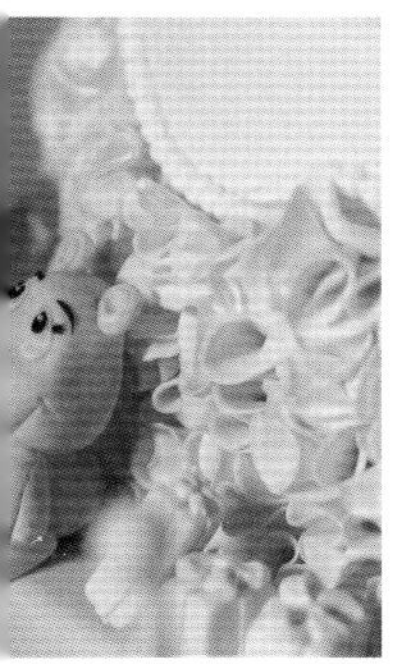

❶ 饼干塔
❷ 主蛋糕二
❸ 棒棒糖蛋糕
❹ 主蛋糕三
❺ 副蛋糕一
❻ 饼干
❼ 主蛋糕四
❽ 副蛋糕二
❾ 主蛋糕一

09 城堡主题

设计关键词：城堡
设计师：Sissi

这大概是Sissi Cake团队最疯狂的甜品台设计之一，因为我们在一场婚礼里，做了四座巨大的城堡，穷尽了城堡的表现形式。没错，这又是一位怀揣公主梦的新娘。

最大的一座借鉴了威廉王子的婚礼蛋糕设计，以八个半圆形蛋糕打底，辅以繁茂的糖花，最顶部是华丽的城堡。其他几座则分别坐落在倒立着的三层蛋糕上，模仿南瓜马车的弧形体上，隆重优雅的垂坠帘幕上。除此之外，另外两座副蛋糕还涵盖了马车、白马以及公主等元素。

费时吗？超级费时。费力吗？特别费力。但我们就是用这样一条路走到底的决心和认真，打造出一个个在记忆中永恒的闪耀时刻。

城堡主题

V&E

❶ 主蛋糕
❷ 副蛋糕一、二
❸ 饼干
❹ 杯子蛋糕
❺ 巨型饼干
❻ 饼干塔

10 教堂主题

设计关键词：教堂
设计师：Sissi

新人说，教堂对他们有着非常特殊的意义，所以希望拥有一场以教堂为主题的甜品台。

拱门、尖顶、小天使、十字架、繁复的花纹——除了“建造”两座教堂，小甜点们也配合教堂主题，有天使和十字架装饰的杯子蛋糕和饼干塔，有写着爱的誓言的巨型饼干，当然，还有代表着幸福钟声响起的铃铛和花环。

这一次，我们变身成建筑师，亲手缔造出爱的圣殿。

教堂
主题
love
Whenever you need me
I will be here
Whenever you're in trouble
I'm always near
Reach out for me
And I will give you
my everlasting love

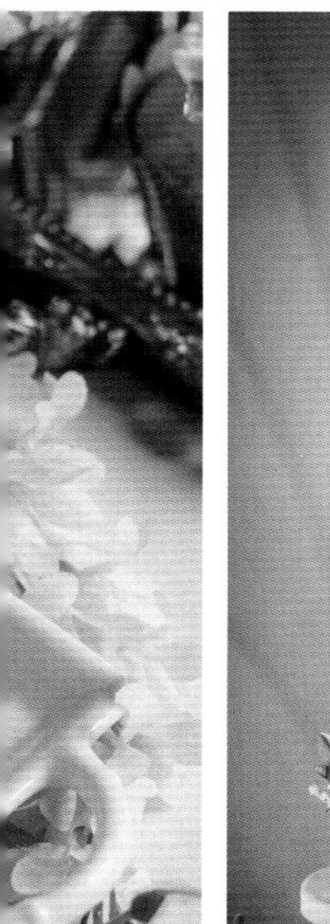

❶ 主蛋糕二、三　❹ 饼干　❼❽ 杯子蛋糕

❷ 主蛋糕一　❺ 主蛋糕五

❸ 主蛋糕四　❻ 饼干塔

01 美女与野兽主题

设计关键词：美女与野兽
设计师：Sissi

作为甜品设计师，最开心的事情莫过于遇到特殊元素的甜品台了。特殊元素一般来说意味着丰富的线索与巨大的空间，比如美女与野兽。

由于整个婚宴布置以绿植为主，因此除了童话线索，我们还将花园的元素融入其中。这组作品总共有五座蛋糕，主蛋糕一打造宫殿的概念，由底部蔓延的花叶藤蔓开始，依次是城堡、立柱与楼梯，楼梯尽头是经典的美女与野兽剪影，顶部则是以玫瑰花为线索的空中花园。

主蛋糕二、三是同一款式，并列摆在主蛋糕一的两边，突出华丽的花园氛围。值得一提的是，在甜品台的构成中，我们总是可以通过对称的重复技巧营造出所需要的气势。说回这对蛋糕，底座部分与主蛋糕一呼应，都采用了花朵、草地与攀爬而上的藤蔓，而它们也正是美女贝儿从帷幔装饰的窗檐里看出去的风景，华丽精致的宫殿与自然气息的花园就这样被完美地结合起来。

主蛋糕四是花朵装饰的城堡，主蛋糕五是一本敞开的书，上面坐着被音乐与花朵围绕着的贝儿。

饼干有玻璃彩绘款的玫瑰花、单朵玫瑰花、拿着玫瑰的野兽剪影等；饼干塔采取了整体包裹的形式，表达花园的概念；杯子蛋糕们选取了童话中的不同角色：书本、小提琴、竖琴，被变成家具的人们，王子野兽和美女贝儿，当然，玫瑰花也不能少。

就这样，我们结合元素本身与婚宴特色，抽丝剥茧地抓出所有线索，创造了一场生动活泼、符合主题的童话故事秀。

美女与
野兽
主题

❶ 主蛋糕
❷❻❽ 饼干
❸ 棒棒糖蛋糕
❹❺ 杯子蛋糕
❼ 饼干塔

02 美少女战士主题

设计关键词：美少女战士
设计师：呱呱与毛衣

拿到这个主题的时候先是集体欢呼了一下，儿时的回忆，少女的梦想，暴露的年龄都翻涌而出，那么就代表月亮将可爱发挥到底吧！

主蛋糕以珠光粉和鹅黄混色打底，突出少女的温柔感，由于是小公主的生日宴，中间的水晶球里设计了一座迷你城堡；调皮的小猫露娜和阿提密斯穿梭在云层与花丛中，底部的帷幔代表美少女的裙摆，顶部则是点题的主角水冰月。

小甜点们以同样的元素展开，新月棒、甜心月之仗、月光力量权杖，这些动画片里熟悉的名字们被细致地还原，完美地融入到杯子蛋糕、棒棒糖蛋糕、饼干塔与饼干里。

感谢这位小小的美少女战士宝宝，让我们这些童心未泯的阿姨们重温了一场旧日美梦。

美少女
战士
主题

❶ 主蛋糕一
❷ 棒棒糖蛋糕
❸ 饼干塔
❹ 饼干
❺ 杯子蛋糕
❻ 主蛋糕二

03 梵高主题

设计关键词：梵高

设计师：西西与皮皮

梵高主题对甜品设计师来说是诱惑力十足的挑战——怎么样才能将这位天才画家的画作与他眼中的世界表现出来？流转的星空，明亮的色彩，狂放的笔触，充沛而热烈的感情——任何常规、平庸的作品都是对这一主题的亵渎和背叛，而这一次我们直接从他的画作中寻找着线索。

主蛋糕一的灵感来自于《麦田里的丝柏树》这幅画（右❶）。金黄的麦田，葱郁的树木，白云翻滚的蓝色天空，我们将这几个元素依次表现在了蛋糕上，用彩绘技法打底，辅以山脉与云朵的层叠剪影，立体的丝柏树以及不规则衔接的蛋糕体。

主蛋糕二的灵感来自于这幅《橄榄树》（右❷）。同样以翻糖彩绘与立体造型结合的方式表达了橄榄树蓬勃生长的力量，树的形态还原了画作中扭曲而狂放的姿态。

棒棒糖蛋糕的灵感来自另一幅名画《杏花》（右❸），常规的棒棒糖棍由不规则的杏花枝桠所取代。

除此之外，饼干塔也采取了错层的堆叠方式，以符合整体风格，一块块饼干化身为梵高的经典画作，色彩艳丽的混色奶油杯子蛋糕穿插其中。

感谢梵高神奇的画笔，重新定义了白云、星空与田野，让我们从此生活在不一样的世界中。

梵高
主题

❶ 主蛋糕二
❷ 主蛋糕一
❸ 主蛋糕三
❹ 马卡龙塔
❺❼ 饼干
❻ 杯子蛋糕

04 维多利亚的秘密主题

设计关键词：维多利亚的秘密
设计师：Sissi

如何把一场维多利亚的秘密秀搬上餐桌？或者说，怎样在一个甜品台里集齐大概每个女孩都有过的关于成年后的梦想？那些偷穿妈妈高跟鞋、对着镜子偷偷糟蹋口红的日子里迫不及待憧憬着的瑰丽的成年生活。

配色方面，采用了玫红与黑色的标志性搭配，辅以少量的金色增加华丽感。主蛋糕一以简单的玫红与黑色条纹打底，分别用高跟鞋、名牌手袋、香水瓶、口红装饰围绕，顶部由女王气息浓厚的复古面具与黑色羽毛点睛，最大的亮点则来自于两扇巨大的、由无数片羽毛拼贴而成的天使的翅膀。

主蛋糕二由层叠的购物袋与礼物盒子组成；主蛋糕三则是一件妖娆精致的内衣，配上金色皇冠，可以是美艳的公主，也可以是俏皮的女王。马卡龙塔的黑色羽毛与主蛋糕呼应，一对小小的黑色翅膀再次可爱十足地点题。

小甜点方面，有可食用闪粉装饰的“LOVE”，有新人名字缩写的圆形饼干，有带着小翅膀和心形装饰的“Special Day”，都简单、直接且绚丽地表达着主题。

至此，这场走秀圆满落幕。

此台作品为Sissi Cake甜品台综合课程学员毕业作品。

W&Y

维多利亚的秘密主题
W&Y
AMOUAGE
VICTORIA'S SECRET

LOVE

❶ 主蛋糕
❷ 副蛋糕
❸❺ 杯子蛋糕
❹ 饼干

05 爱丽丝梦游仙境主题

设计关键词：爱丽丝梦游仙境
设计师：Sissi

同样是来自同学们的甜品台综合课程毕业作品，这一次我们带领大家创造了一个奇妙的仙境。主蛋糕由几本不同色彩与形状的书构成，隐喻着童话故事的背景。底座是不规则的黑白棋盘，坐着双胞胎兄弟，宝座上的红心皇后是一如既往的傲慢表情。顶部打开的书面上则由更丰富的细节构成了一个动态的画面：神色惊慌向前奔跑的爱丽丝，打翻的茶壶茶杯与倾泻而出的滚烫咖啡，柴郡猫面带笑容戴着礼帽蹲在树桩上，长长的尾巴在空中摇摆——通过一系列的动作设计，静态的蛋糕有了连续性的画面感。

副蛋糕仍然摒弃常规蛋糕的设计，以礼帽的形式出现。兔子先生坐在帽檐处，顶部是掉进兔子洞的爱丽丝，生动地暗示着游戏的开始。杯子蛋糕们担当起承载各种卡通小动物的任务，奶油蛋糕们则简单地用红心皇后图案的扑克牌以及咒语魔镜装饰。

饼干方面，除了一套由十三老师设计的主题糖霜饼干，还有大批量扑克牌款翻糖饼干。正如第一章里提到的，糖霜饼干虽然有着巨大的表现力，能够生动地表达主题，但是费时费力；翻糖饼干纵然无法达到糖霜饼干的定制化程度，但在模具的帮助下，也可以起到事半功倍的美观效果，怎么取舍就看大家的时间精力以及所涉及的主题了，找出对自己来说最适合、最优化的方法，不要一味追求匠人精神，才是适应市场的明智之选。我个人的建议是，遇到特别容易出彩的主题，可以考虑制作一到两块糖霜饼干，起到画龙点睛的作用，而翻糖饼干则作为主要构成，这样就可以效果与效率兼顾了。

关于这一场甜品台还有一个不得不说的部分：道具的使用。除了金色复古风格的欧式蛋糕托盘，我们还使用了黑白格棋盘、树桩、复古装饰书等，饮料瓶特意使用像药水瓶的款式——暗示着喝掉它们就可以进入仙境的神秘邀请。有“配套强迫症”的我还斥巨资买了两个迪士尼发行的限量版爱丽丝梦游仙境马克杯。

这种不在每个维度穷尽所有可能性就誓不罢休的精神（破产精神），就是酷炫的甜品设计师精神无疑了。

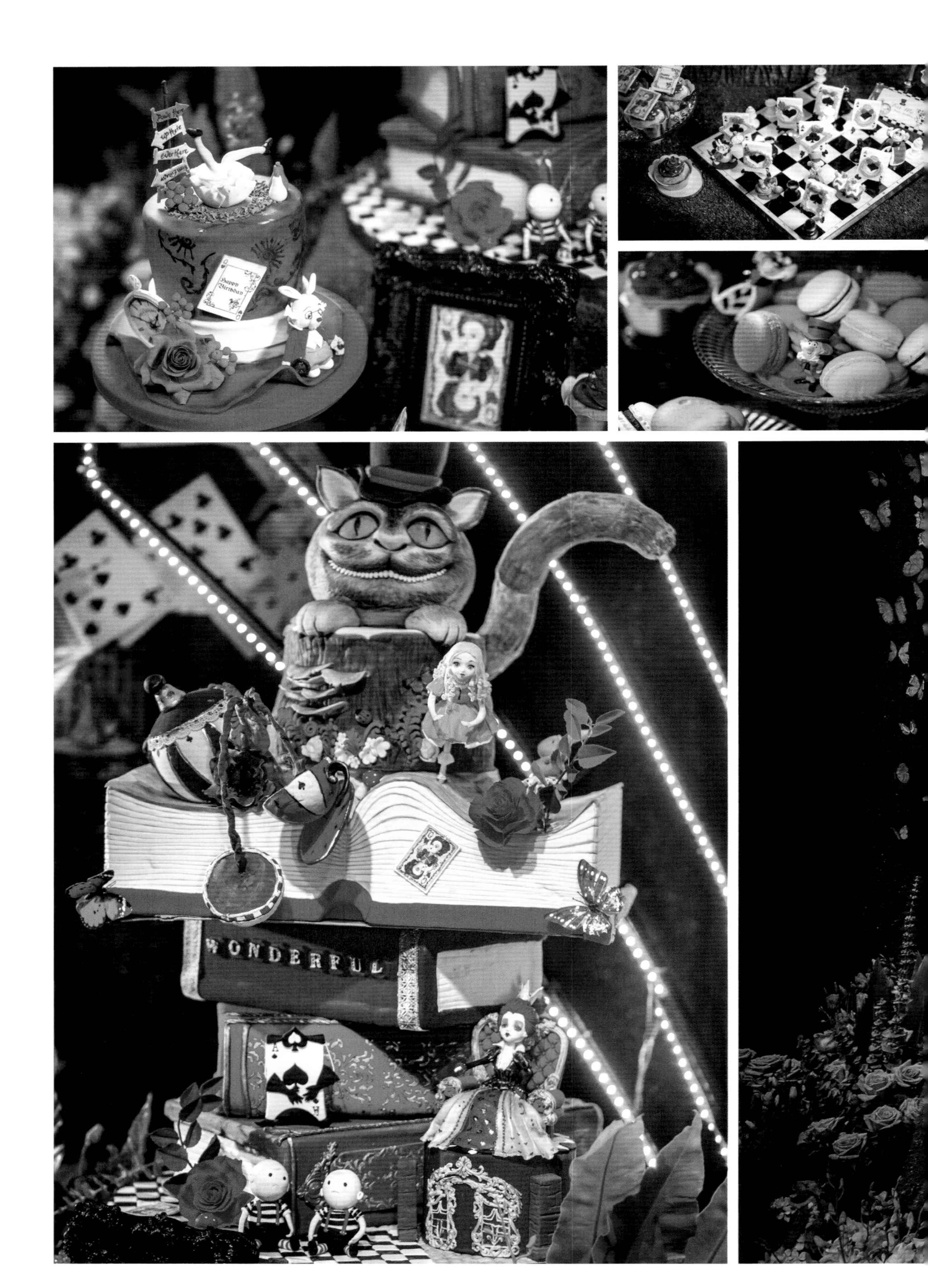
Happy Birthday
WONDERFUL

爱丽丝
梦游仙境
主题
WONDERFUL

❶ 主蛋糕
❷ 副蛋糕一
❸ 饼干
❹❼ 杯子蛋糕
❺ 马卡龙塔
❻ 副蛋糕二
❽ 副蛋糕三

06 海洋风主题

设计关键词：海底世界
设计师：Sissi

说起海底世界你会想到什么？美人鱼、海马、珊瑚、水草、贝壳、海星以及被某个海盗遗落在海底的宝藏？思路清晰后，接下来要做的，就是把这些元素以最合适的方式用甜品表现出来。

海底世界，主色调当然是蓝色，但不能只有一种蓝。从浅蓝、藏蓝、到蓝绿，我们需要不同程度的蓝来表达广阔而丰富的海洋，并且在视觉上增加美感。

比较特别的设计在于坐在打开的贝壳里的美人鱼和在浪花中跳跃的海豚；华贵的珠宝从尘封已久的箱子中溢出；渐变色马卡龙塔的顶部则是一对一跃而起的海豚。除了趣味性十足且款式多样化的副蛋糕们，主蛋糕则表现了海洋的不同层次：海底的暗礁、飘荡的水草、畅游的美人鱼以及温柔的珊瑚由下至上地组成了丰富而浪漫的海底世界。

小甜点们则继续突出海洋世界里各种生动而俏皮的细节，让每个把甜点拿到手中的宾客都能感受到海洋味十足的甜蜜——这一组也是来自我们甜品台学员的毕业作品，感谢你们创造了这个美妙的海底世界。

海洋风
主题

❶ 主蛋糕
❷ 副蛋糕
❸ 副蛋糕
❹ 棒棒糖蛋糕
❺ 饼干盒子
❻ 饼干
❼ 杯子蛋糕
❽ 副蛋糕
❾ 副蛋糕
❿ 饼干屋

07 圣诞主题

设计关键词：圣诞节
设计师：Sissi

想做圣诞节主题很久了，每个人对节日的意义有着不同的理解，对我来说，这个在白雪皑皑季节里幸福满溢的日子，必须要有满满的礼物。

主蛋糕正是以这个思路展开：纯白的树木，窗户里暖色调的光，挂在蛋糕边缘的装饰球，无不散发着诱人的节日气息，让人想要加入到这温暖中。

由于想要营造出类似于圣诞餐桌的丰盛感，最大程度弱化甜品台的概念，副蛋糕们的设计都限制在一到两层的高度——避免宏大与华丽，拥抱温馨与家常，毕竟这是一个属于家庭的节日。于是，温馨的毛衣纹路配上花环，被装饰球们围绕的圣诞蜡烛，系着蝴蝶结的双层礼物盒，简单的白色蛋糕点缀上松果与槲寄生。

值得一提的是极具圣诞特色的饼干屋与饼干盒子（Elaine老师设计），增加可爱感的同时使圣诞氛围更加地道与浓厚。小甜点们继续运用经典的圣诞元素，雪花、圣诞树挂饰、门与花环等，丰富着节日的餐桌。

此台作品为Sissi Cake甜品台综合课程学员毕业作品。

圣诞
主题

❶ 副蛋糕一、二
❷❹ 饼干塔
❸ 饼干
❺ 副蛋糕三、四
❻ 主蛋糕

08 孔雀主题

设计关键词：孔雀
设计师：Sissi

这是为一位朋友的婚礼策划公司设计的展示甜品台，沟通方案时她给了一个条件：绿植装饰。另外还有一个要求：尽量特别。

什么主题能够与森林搭配而又不流于普通的森系呢？——孔雀，动物与自然的连接，优雅与野性的碰撞，就是它了。

不得不说，孔雀主题是一个非常大胆的尝试，它意味着艳丽的色彩，异域的风格，强烈的视觉体验。一般来说，这样的选择没有中间地带，喜欢的人会有眼前一亮的惊喜，而另一部分人则会感受到不甚愉快的冲击。

颜色上选择了宝蓝、深绿、艳紫、明黄等饱和色，将浓烈而狂放的撞色进行到底，主蛋糕用彩绘技法画出孔雀，随后延伸为贴片的翻糖羽毛，最终融入玫瑰花海，从简单到复杂，从平面到立体，蛋糕本身的层次感与复杂性就兼有了。两座副蛋糕及饼干塔上则是相互呼应的一对立体孔雀，长长的尾巴垂下来，与底部华丽的糖花们汇合。与此同时，大量孔雀羽毛的使用强调了自然的野性感。双层的彩绘蛋糕辅以简单的糖花和羽毛装饰，平衡整个甜品台华丽而浓重的色调，带来活泼的跳跃感。

如果说我们制作婚礼甜品台的目的在于赋予新人和来宾浪漫而温馨的甜蜜感觉，这一组甜品台则在某种程度上表达了品牌文化旺盛而强大的生命力。

不同的情境选择不同的设计方向，才能最终交出一份满意的答卷。

孔雀
主题

❶ 主蛋糕
❷ 杯子蛋糕
❸ 副蛋糕
❹❺ 饼干
❻ 饼干塔

09 天空之城主题

设计关键词：天空之城
设计师：西西与皮皮

这是一个关于美妙的梦的主题甜品台。

在对主题的表达上，我们通过两座异形蛋糕来体现主旨：白云围绕着岩石，城堡树立在顶端，海豚跃过云雾缭绕的圆环。

悬崖峭壁上的城堡，海豚飞翔在云端，把一切现实的不可能转变为甜点上的可能，然后创作出一场梦一般的甜品邂逅。

除此之外，杯子蛋糕与饼干也紧贴线索，不规则岩石形状的饼干塔，手绘风格的平面饼干，结合杯子蛋糕上岩石与海豚的立体造型，既与主蛋糕交相辉映，又让每个细节都融合进了天空之城的氛围。

不拘泥于现有的蛋糕形式，创造出符合主题的形态，用技巧来实现天马行空的想象，是这份工作最大的挑战与乐趣。

所以，你心中的天空之城是什么样的呢？

天空之城
主题

❶ 主蛋糕二　❸ 主蛋糕一　❺ 饼干
❷ 棒棒糖蛋糕　❹ 副蛋糕　❻ 杯子蛋糕

10 音乐主题

设计关键词：音乐与诗歌
设计师：Sissi

如果音符和诗歌化为爱的礼赞，如果玫瑰与呢喃变成花园里的小夜曲。

美丽的女孩儿穿着华丽的礼服坐在玫瑰花丛中吟唱着动人的音符，准备迎来一生中最重要的日子。头顶上被精致的花纹勾勒出来的，是属于他们的、独一无二的誓言。

被红色玫瑰点缀的小提琴与竖琴优雅地演奏着庆祝的乐曲，打开的书本上写着古往今来人们对于爱的赞颂，音符散落一地，幸福蔓延在空气中。

情书放在相框里，配上新娘最爱的红色马蹄莲，玫瑰躺在诗歌上，那是新郎熟记的段落，新人共同渡过的余生将从这一天开启，在花朵、音符、诗歌、祝福与爱情的围绕中拉开序幕。

以上，是我们在这个特殊的日子里，想要讲的故事和给这对新人创造的美梦。

所谓的设计思路，最终还是甜品设计师对于爱的理解的思路。人生漫漫，庆幸这个职业让我们有那么多好故事可以听、可以说。

音乐
主题

Postscript 后记

不知不觉已经六年了。

我不知道世界上有多少幸运的人，能把热爱的事情变成事业，从此生活在无时无刻的美梦中。我也不知道世界上有多少幸运的人，能与这么多才华横溢的人并肩作战，在绝对的默契与信任中一起实现着把世界变得更美的疯狂野心。

万分之一的概率与万分之一的幸运，都被我遇到了。除了惶恐和感谢，也唯有更加努力，才对得起这份幸运。

“不忘初心”这个词已经被用滥了，但又如何呢？知道的人会明白，这团在胸口燃烧的小小火焰，会让你变得更智慧、更勇敢、更温柔，并且最终会把你带到更远的地方，获得真正的自由。

我们一起加油！

设计团队介绍

Sissi（左），Sissi Cake Design创始人，学了九年法学后转行的甜品设计师，热爱一切关于美的东西，怀抱着把世界变得更美一些的野心。

Elaine（中），Sissi Cake Design糖霜饼干课程老师，Coie Lab工作室创始人，设计风格清新优雅、别具一格，即将推出自己品牌的甜点周边产品。

Kanna（右），Sissi Cake Design甜品台实践课程与翻糖蛋糕老师，Sissi Cake武汉站负责人，设计与本人一样，美得精彩夺目，在妖艳系与少女系两者间游刃有余。

西西（左）与皮皮，上海站甜品台制作组担当，终极女战士组合，除了作品设计越来越"作"（褒义，指对细节的极致追求），还创造过把各种巨型蛋糕运往全国各地的惊人纪录（并成功促使东航修改了登机行李条例）。

呱呱（左）与毛衣，深圳站甜品台制作组担当，设计温柔而细腻，能够在精彩演绎不同主题的同时保持自己的风格。

图书在版编目（CIP）数据

爱的魔法盛宴：甜品台的设计美学 / Sissi 著 .—北京：化学工业出版社，2018.4
ISBN 978-7-122-31618-9

Ⅰ. ①爱… Ⅱ. ①S… Ⅲ. ①甜食-饮食服务-设计 Ⅳ. ①TS972.32

中国版本图书馆 CIP 数据核字（2018）第 040719 号

责任编辑：孙梅戈　　装帧设计：Elaine　尹琳琳
责任校对：王　静

出版发行：化学工业出版社（北京市东城区青年湖南街 13 号　邮政编码 100011）
印　　装：中煤（北京）印务有限公司
787mm×1092mm　1/16　印张 $10\frac{1}{2}$　字数 200 千字　2018 年 4 月北京第 1 版第 1 次印刷

购书咨询：010-64518888（传真：010-64519680）　售后服务：010-64519661
网　　址：http://www.cip.com.cn
凡购买本书，如有缺损质量问题，本社销售中心负责调换。

定　　价：98.00 元